WILLY OESTERLE **OEPO-MOTO-CROSS-MASCHINEN**

Warum und wie wurden die Oepo's gebaut?

Willy Oesterle

Oepo-Moto-Cross Maschinen

Warum und wie wurden die Oepo's gebaut?

1. Ausgabe Januar 2009
2. Ausgabe Januar 2010
Fotos: Willy Oesterle und Horst Oberwalder
Fotos Umschlag:
Vorderseite: Oepo 500-ccm
unten links und rechts: Oepo V1 400-ccm
Druckvorstufe: Eberhard Kircher, Beilstein
Herstellung und Verlag:
Books on Demand GmbH, Norderstedt
ISBN 978-3-8391-1594-7

Widmung: Für Horst Oberwalder

Horst Oberwalder   Willy Oesterle

Oepo-1-Zyl.-400-ccm auf Puch-Getriebe

WOe

1960 im Rennstall bei Maico

Inhalt

Ich **Willy Oesterle** Autor dieses Buches, bin von 1952 bis 1964 motorsportlich aktiv gewesen. 1952 fing ich mit Geschicklichkeitsfahrten auf einer DKW-RT-125-ccm an. Dann Moto-Cross. Ab 1955 Werksfahrer bei DKW in Ingolstadt und ab 1956 auch bei Maico in Pfäffingen bei Tübingen. National und international. 1957 und 1958 Deutscher Moto-Cross-Meister bis 250-ccm, 1957 Vize-Europa-Meister Klasse bis 250-ccm.

Das Solitude Straßenrennen mit Maico-250-ccm und mehrere Straßen-Bergrennen mit meiner Oepo-500-ccm bin ich auch gefahren.

Meine vollständige Autobiographie finden Sie in meinem Buch „Welschkornbrei & Quittenschnitz“
(Ein Moto-Cross-Pionier erzählt unglaubliche Geschichten).

1954 DKW-RT-250-ccm mit Geradweg-Hinterradfederung

Horst Oberwalder fing 1959 ebenfalls auf einer DKW-RT-125-ccm seine motorsportlichen Aktivitäten bei Moto-Cross- und Grasbahnrennen an.

1962, 1963, 1964 fuhr er diese Rennen auf einer 175-ccm-Maico, 1965 gewann er die MSR-Meisterschaft mit einer 277-ccm-Maico, 1966, 1967 konnte er sich aus beruflichen Gründen nicht voll dem Rennsport widmen.

1968 begann ein erfolgreiches Jahr auf der Oepo-V1-400-ccm. Horst Oberwalder errang den zweiten Platz mit der Oepo-V1 in der DAMCV Meisterschaft.

Mit Beginn seines „Un-Ruhestandes“, so bezeichnet er es selbst, begann für ihn ein neues Zeitalter mit dem restaurieren von Oldtimer-Motorrädern.

Er besitzt heute top restaurierte Maschinen wie: Trial-Honda-200-ccm, Honda-CB-350-ccm, Adler-Roller-MB 250-ccm, NSU-Spezial-Max, Adler-Sprinter, NSU-Gelände--Max mit Horex-Tele-Gabel, die mit einem Umbausatz von Willy Oesterle optimiert wurde. Desweiteren eine DKW-RT-125-ccm und die Moto-Cross-Oepo-V1-400.

Seine jüngste Neuschaffung und größter Stolz eine Adler-MB-250-G-Sixdays für die er, zusammen mit Wolfgang Büttner, das Fahrgestell vollständig nach Zeichnungen vom früheren Adler-Werk selbst hergestellt hat. Der Motor wurde aus Einzelteilen zusammengesetzt. Jede Maschine ist eine Augenweide.

VORWORT

Warum und wie wurde die Oepo-1-Zylinder-400-ccm und Oepo-2- Zylinder-500-ccm gebaut?

Von Horst Oberwalder wurde ich gebeten in einer Kurzfassung zu berichten, wie es zu der Konstruktion und Bau der Oepo-Motoren und Maschinen kam. Mit diesen Zeilen will ich Horst seinen Wunsch sehr gerne erfüllen. Nur – mit drei vier Seiten wie Horst meinte – das geht nicht, weil, aus Nichts eine Rennmaschine bauen längere Zeit in Anspruch nimmt.

Leider hatte ich damals, in den sechziger Jahren keinen eigenen Foto-Apparat, aus diesem Grund kann der Werdegang und die Dokumentation mit Fotos nicht den heutigen Standard erreichen. Außerdem hatte ich 1959/60 nie daran gedacht, dass man nach fünfzig Jahren noch über die Oepo sprechen würde. Diese Tatsache ist für mich eine große Freude.

Die Technik von damals ist wie Dampflokomotivenbau gegenüber den heutigen Rennmaschinen, die abgesehen von der Elektronik, mit den hochwertigsten Materialien hergestellt werden.

Horst Oberwalder ist der einzige und letzte Besitzer einer Oepo-Maschine aus dieser Kleinserie von elf Maschinen, die von mir in den Jahren von 1960 – 1964 gebaut wurden.

Ein Kurbelgehäuse von einem Oepo-500-Motor fand ich nach den Anzeigen in der Motorrad Zeitung und meinen Recherchen um die Jahrtausendwende in einer Scheune in Reusten bei Tübingen. Durch die Anzeigen habe ich auch Horst Oberwalder gefunden.

Gebaut wurden:
Sieben 500-ccm-Moto-Cross-Maschinen
Drei 400-ccm-Moto-Cross-Maschinen
Eine 500-ccm-Straßenrennmaschine

1959

Unfall

Durch einen Sportunfall 1959 – Meniskusoperation mit Kreuzbandriss, dadurch instabiles Knie, war in mir die Erkenntnis gekommen, dass ich für den Moto-Cross-Sport nicht mehr fit genug bin. In mir war eine Welt zusammengebrochen. Das ist dann diese Situation im Leben, wo man gesagt bekommt: „Hier geht es lang“, ob man will oder nicht, du kannst dich nicht wehren.

Damals war die Meinung; Meniskusoperation ist kein Problem, jeder Fußballer der in diese Lage kommt, fängt nach vier Wochen wieder mit dem Training an, der Meniskus ist wie ein Blinddarm, den braucht man nicht unbedingt. So war die Erkenntnis und das Wissen – auch der Ärzte.

Dass ich noch fahren konnte, schneller als viele andere, das war mir klar, nur in der Weltspitze mitfahren, wie ich es in den Jahren bis 1959 konnte, das ging nicht mehr. Für den Moto-Cross-Rennsport muss man top fit sein.

Nach den schweren Unfällen, die ich in den vorhergehenden Jahren hatte, hab ich mich geschüttelt, den Unfall im Gedächtnis gelöscht und bin meinem Ziel, ohne nach links und nach rechts zu sehen, weiter nach gestürmt.

Das war nach diesem Unfall und Operation ganz anders. Ich war älter geworden und durch den Unfall, die Operation, das Liegen im Krankenhaus, das Gehen mit den Krücken, hat in mir ein Denkprozess eingesetzt der feststellte, dass es nach der aktiven Motorsportzeit weitergehen muß, wenn möglich nicht als Invalide, weil ja nach den ersten stürmischen siebenundzwanzig Jahren das Leben erst richtig anfängt.

Die Königsklasse

im Moto-Cross-Sport ist die Klasse bis 500-ccm. In diese Klasse musste man gehen, wenn man zur Elite gehören wollte, in der gutes Startgeld gezahlt wurde und mit dem man sich den Sport finanzieren konnte.

Die deutschen Fahrer in der 500-ccm-Klasse im Deutschen-Moto-Cross-Sport waren damals auf die schweren und teuren englischen Moto-Cross-Spezialmaschinen angewiesen. Teuer waren vor allem die Ersatzteile und dazu kamen die englischen Zollgewinde. Jede Schraube, jede Mutter mußte aus England importiert werden.

Die Weltmeister wie Les Archer, Rene Baeten, Sten Lundin, Bill Nilson fuhren in den fünfziger Jahren alle Spezial-Maschinen, die in Sonderanfertigung gebaut waren. Das waren Norton, FN, Monark, Husquarna.

1960

Bau der Oepo-500-Moto-Cross Maschine

Nun warum nicht auch eine Maschine bauen die deutsche Teile, Muttern und Schrauben mit metrischem Gewinde hat, das waren die Gedanken die ich hatte.

Trotz der Operation war irgendwo in meinem Inneren noch ein Wille. Ich wollte nach dem Krankenhaus-Aufenthalt, noch etwas machen, bauen, was bislang noch keiner gemacht hatte. Ich wollte die damalige Erfahrung und das Wissen über Fahrwerk und Motoren für die Nachwelt festschreiben.

Als ich wieder einigermaßen gehen konnte, fuhr ich zu Dipl. Ing. Ulrich Pohl. Ich erinnerte ihn an unser Gespräch im Sommer 1959 beim Solitude-Rennen.

Mitte: Willy Oesterle, rechts: Dipl. Ing. Ulrich Pohl

Bei diesem Gespräch ging es darum: – könnte man aus zwei Maico 250-ccm-Motoren einen 500-ccm-Motor machen. Man brauchte nur eine neue Kurbelwelle, ein Gehäuse dafür, oben drauf zwei Zylinder von unseren 250-ccm-Maico-Motoren die wir nun schon jahrelang sehr erfolgreich gefahren hatten. Wir hatten damals einen Leistungsstand von 27 PS.

Ich drängte ihn, es schnellstmöglichst anzupacken. Bei einem Gespräch Ende November 1959 sagte er: „Ich habe die Konstruktion schon im Kopf, es fehlt mir nur noch die Zeit dafür, aber über Weihnachten werde ich es anpacken." Ich hatte schon für das Fahrgestell vorgesorgt. Eine neue Norton-Telegabel wie für meine 250-ccm-Maschine hatte ich schon organisiert. Federbeine von Boge, Räder mit Bremsen würde ich von Maico nehmen, die Sitzbank musste ich machen lassen. Den Rahmen, an den alles eingebaut und angeschraubt werden sollte, musste ich selbst herstellen.

Wenn man bedenkt, dass vor Weihnachten 1959 die ganze Maschine inklusiv Motor nur im Kopf existierte und am 1. Mai 1960 stand ich beim ersten Rennen in Kamp-Lintfort an der holländischen Grenze am Start. Wahnsinn!

Hugo Schmidt, dessen Hobby Kunstschmiede-Arbeiten waren, hatte in seinem Keller eine kleine Werkstatt mit Schraubstock und gutem Schweißgerät eingerichtet. Darin entstand die Oepo, die erste Oepo-Nr-1-500-ccm-Moto-Cross-Rennmaschine.

Privates Telefon hatte ich damals noch nicht, das hieß – alles mußte in persönlichen Gesprächen organisiert werden. Nun, bei genauer Analyse hatten wir im Stuttgarter Raum eigentlich alles, was ich zum Bau des Motors benötigte: Gießereien, Hammerschmiede, Kolben-Mahle, Kurbelwelle von der Fa. Hoeckle, Bosch für die Elektrik, Norton-Gabel, Räder von Maico, Stahlrohre vom Stahlgroßhändler, Armaturen von Magura, blieb eigentlich nur das Getriebe mit Kupplung. Dies kaufte ich gebraucht von Moto-Cross-Fahrer Broer Dirks aus Holland. Ich wollte sparen, weil ja das Ganze ein Experiment war. Das war gleich der erste große Fehler, ich hatte am falschen Platz gespart.

Dieses gebrauchte BSA-Getriebe mit Kupplung sollte sich als der schwächste Punkt in der Oepo erweisen. Es war gut gebraucht, aber nicht gut erhalten und ich fiel leider deswegen sehr oft aus. Die Gebrüder Dirks waren in der damaligen Zeit auf allen internationalen Moto-Cross-Rennen zu finden.

Das liest sich nun sehr kurz und einfach, aber ich hatte nun einmal etwas angefangen, Lunte gerochen, wenn möglich wollte ich im Frühjahr mit der Maschine an den Start gehen. Ich stellte an mich selbst Anforderungen, die man an einen normalen Menschen nicht stellen kann.

Das war harte Tag- und Nachtarbeit. Ich setzte mich vier Monate unter Hochspannung. Jeden Tag kreuz und quer durch unseren Stuttgarter Raum fahren! Zuerst musste ich immer die Firmen von meiner Idee begeistern. Mein Bekanntheitsgrad als Moto-Cross-Meister und der Sieg beim Straßenrennen auf der Solitude, kam mir dabei sehr zugute; denn, wenn man mit einer Stückzahl von vier Pleuel-Rohlingen zu einer Hammerschmiede kommt, dann machen die in der Regel ein Kreuz davor. Oder vier Kurbelgehäuse dazu noch aus Elektron oder eine Unterbrecherplatte von Bosch! Ich wollte ja nur einen Motor mal versuchsweise auf die Beine stellen. Der Dreher Ewald war auch nur ein Mensch und wenn er ein Stück Ausschuss macht, dann musste das nächste Stück parat liegen, deswegen bestellte ich alles doppelt.

Also hieß es anfragen, Zeichnungen vorlegen, bei Dipl. Ing. Uli Pohl Rücksprache halten, wieder hinfahren, „bitte, bitte“ machen. Möglichst schnell. Ich erklärte den Herren immer das ganze Problem von wegen englische Maschinen, Zollgewinde teure Ersatzteil. Bei Hoeckle hatte man Erfahrung in Sonderanfertigungen für Rennkurbelwellen. Mein Dreher Ewald drehte mir die Teile für die Kurbelwelle aus hochwertigen Materialien vor, bei Hoeckle wurden die Teile gehärtet und dann fertig geschliffen und zusammengepresst. Diese Kurbelwelle war nach einer Rennsaison noch fast wie neu. Einfach toll, wie die Leute mit Ihrem Fachwissen mir zur Hand gingen.

Genauen Bericht über den Oepo-Motor mit Konstruktionszeichnungen finden Sie in der Zeitschrift „Das Motorrad“ von 1960, Ausgaben 2, 3 und 4.

Zum Telefonieren musste ich zur Post oder in ein öffentliches Telefonhäuschen gehen. Drei- bis viermal zu den Firmen hinfahren. Wenn ich es mir heute überlege, dann muss ich die Leute mit meinem Fieber, dem Renn-Bazillus, angesteckt haben, denn Ing. Ulrich Pohl staunte ein übers andere Mal, wenn ich in kürzester Zeit wieder ein fertiges Teil angeschleppt hatte. So – das war die Arbeit tagsüber.

Abends, wenn mein Freund „Hugo“ von der Arbeit nach Hause kam, dann ging es an die Arbeit des Fahrgestells. Hugo, der immer eine Zigarre oder einen Stumpen im Mund hatte und deshalb den Beinamen „Stumpenhugo“ erhielt, war nach einiger Zeit auch von dem Renn-Bazillus infiziert. Wenn wir abends anfingen zu arbeiten, dann sagte er oft: „Du, ich habe mir heute überlegt . . . !“ Einfach fantastisch, toll, er machte sich tagsüber Gedanken wie wir abends weiter arbeiten mussten. Die Menschen um mich herum, sie gingen alle begeistert mit.

Die Oepo mußte etwas Ganzes werden. Auch Hugos Frau, wenn wir bis in die späte Nacht hinein geschafft hatten, hatte sie immer noch ein Häppchen zum Essen und etwas zum Trinken bereitgestellt. Manchmal leistete sie uns auch in der Werkstatt noch Gesellschaft.

Eine Weisheit von Hugo war: „Das Leben wird erst interessant, wenn man kein Geld mehr hat.“ Da hatte er vollkommen recht, denn, wenn alles gerade läuft, gibt es viel weniger zu berichten, als wenn irgendwas anders läuft, als man will.

Als Ersatz für eine Vorrichtung zum Zusammenschweißen des Rahmens nahm ich zwei Holzlatten, drei Meter lang die das Vorderrad und das Hinterrad in die Flucht stellten, damit das Hinterrad dem Vorderrad genau in derselben Linie hinterdrein laufen konnte. Primitiver ging es nicht, aber es funktionierte. Die Telegabel mit Vorderrad wurde ebenfalls mit dem richtigen Steuerwinkel fixiert, dazwischen auf einer Kiste stand eine Attrappe des Motors aus Blech. Der Drehpunkt der Hinterradschwinge lag ebenfalls, genau fixiert, auf einer Kiste. Um diese Attrappen herum legten wir die Rahmenrohre und verschweißten alles.

Wenn ich heute über die Restaurierungsarbeiten der Fans von Oldtimer-Fahrzeugen lese, dann verstehe ich die Liebe und den Elan und die Zeit, die da überall mit hineingelegt wird. (Hierbei denke ich an Horst Oberwalder.) Die vielen, vielen Stunden die man nie zählen darf, davor ziehe ich den Hut. Ähnlich war es bei mir, nur dass ich einen Termin hatte, wenn die Rennsaison anfing, sollte die Maschine fertig sein.

Wenn ich zurückdenke, dann war es Arbeit bis zur Selbstzerfleischung. Meine Hände waren innen mit einer Hornhaut belegt. Die Hornhaut war so dick, dass ich ein fast glühendes Stück Eisen vom Boden aufheben konnte, ohne mir dabei eine Brandblase zu holen. Es stank wohl kräftig nach Verbranntem, aber Schmerzen spürte ich keine.

Nun, woher kam das? Es musste ja jedes Teil von Hand gefertigt werden. Angefangen vom Füllen der Rohre mit Sand, um die Radien zu biegen, die Versteifungsbleche, die Lager, die Motor- und Getriebehalterung, bis zum Ovalfeilen der Pleuelschäfte, die ja vom Dreher Ewald nur auf die Schaftstärke vor gedreht waren und das bei ECN 35 (Einsatz-Chrom-Nickel-Stahl). Ich versuchte es mit Schleifen, aber erfolglos. Nur neue Feilen packten an diesem Material an. Allein diese Pleuel auf die gewünschte ovale Form zu bringen, das bedurfte mehrere Abende oder viele Stunden feilen, wobei die Muskeln der Arme und die Stärke der Hornhaut an meinen Händen wieder dicker wurden.

Die Maschine „Oepo Nr. 1“ wurde fertig

Zum Lackieren allerdings reichte es nicht mehr. So ging ich am ersten Mai in Kamp-Lintfort an den Start. Es war ein neuer Ton in der Klasse bis 500-ccm, der bis dahin nur aus Viertakt-Motoren bestanden hatte.

1960 Oepo-500-ccm Nr. 1

Mängel der ersten Oepo-500

– eine Neuentwicklung,
– eine Versuchsmaschine,
– ein Experiment mit vielen Schwachpunkten
– zum Teil auch falsch konstruiert
– die Maße waren zu sehr an die 250er Maico angelehnt
– Der Motor war das Beste.
– Probleme mit dem Getriebe und mit der Kupplung.
– Probleme mit der Primärkette, vom Motor zum Getriebe.
– Probleme gab es durch falsch gesetzten Drehpunkt der Hinterradschwinge.
– der Radstand hätte um fünf bis zehn Zentimeter länger sein sollen.
– der Motor war zu schwer (zwei Kurbelwellen, zwei Graugusszylinder.)
– Fahrgestell zu schwer.
– Die Schaltung ging zu schwer, weil ich sie von Rechtsschaltung auf links gelegt hatte. Ich fuhr ja noch als zweite Maschine die 250-ccm-Maico.

Der Motor, (Kurbelwelle, Zylinder, Gehäuse mit Vergaser und Auspuffanlage), machten keine Probleme, liefen wie geschmiert, wie wir es von unseren Maico-Motoren gewohnt waren. Die Leistung war genügend. Nur als Zweizylinder-Zweitakter war die Maschine am Hinterrad zu aufgeregt. Es kostete wahnsinnig viel Gefühl am Drehgriff, ein bisschen zu viel Gas und das Hinterrad drehte durch, warf den Dreck hinten raus und die anderen Fahrer fuhren mir davon.

Das gebrauchte BSA-Getriebe war, wie schon erwähnt, gut gebraucht, aber nicht gut erhalten. Zum Teil waren die Schalträder so abgenützt, dass die Gänge heraussprangen.

Die Kupplung war mit einem Konus auf der Hauptwelle verankert. Dieser Konus blieb nicht fest. Er lockerte sich, wodurch alles kaputtgehen konnte. Durch Fragen bei Sportkollegen bekam ich heraus, dass das die falsche Kupplung und falsche Welle war. Ich musste nach einer anderen Getriebewelle suchen auf den die Kupplung aufgesteckt werden konnte. An der neuen Getriebe-Hauptwelle mussten die Nuten verlängert werden, damit das Schaltrad sich voll verschieben konnte. Auf dieser neuen Welle waren für die Kupplung zylindrische Nuten, also kein Konus mehr. Mit einer neuen Kupplung, die diese Nuten innen auch hatte, konnte man das Problem lösen. Bis ich aber diese Teile gesucht, gekauft und abgeändert und passend gemacht hatte, musste ich einen weiteren Trick anwenden, den mir auch ein Fahrer gegeben hatte. Ich rostete die alten Teile, den Kupplungskonus, also Kupplungskorb und Getriebewelle zusammen: „Du musst alles sauber mit Benzin reinigen, dann beide Seiten mit Essenz bestreichen, anfeuchten." Es war ein Engländer, der mir auf Englisch diesen Rat gab.

Oepo-500 mit BSA-Getriebe

Ich überlegte, was meint er mit Essenz? Er sagte: „Essenz for salad.“ Da dämmerte es mir „Er meint Essig.“ Und schlagartig war mir klar, was passiert. Die Teile rosten für alle Ewigkeiten zusammen. Wären die neuen besseren Teile deutsche Ersatzteile, wäre das Ganze kein großes Problem gewesen, aber so musste ich alles von anderen Fahrern oder über den BSA-Händler bestellen und kaufen.

Es war nervenaufreibend, das Problem zu erkennen, zweitens schwierig herauszufinden, wie man es löst. Dann die Teile beschaffen, danach zum Teil noch bearbeiten lassen mit Spezialschleifmaschinen. Es war schon eine gewaltige Rosskur.

Die Primärkette hatte ich mit einem Blechkasten verkleidet. Bei allen Serienmotoren läuft diese Kette in einem festen Alu-Gehäuse. Zur Schmierung dieser Kette war in dem Kasten Motorenöl. Dieses Öl diente auch gleich zur Kühlung. Durch die hohen Drehzahlen entstehen hohe Temperaturen. Mein Kettenkasten, von mir selbst geschweißt aus Blech, war nicht 100% dicht. Aus diesem Grund konnte ich kein Öl zur Schmierung verwenden sondern nahm Spezialkettenfett. Dieses Fett musste ich nach jedem Rennen erneuern bzw. nachfüllen. Die Kette durfte ich höchstens vier Rennen fahren, danach musste sie ersetzt werden. Sie hatte dann immer schon eine bläuliche Färbung. Dieses deutete deutlich auf Überhitzung wegen der hohen Drehzahlen hin.

Der Drehpunkt der Hinterradschwinge war zu hoch angesetzt, dadurch hatte die Hinterradkette in ausgefedertem Zustand viel zu viel Spiel, oder in eingefedertem Zustand so viel Spannung, dass die Kette zerriss. Dies passierte mir leider auch einmal. Ich musste extra einen speziellen Ketten-Gleitschutz bauen, um dieses Problem zu meistern.

Das Fahrgestell war zu kurz, das heißt der Radstand, dadurch ging die Maschine sehr oft vorne hoch. Um solche Situationen zu meistern, musste ich immer kurz das Gas wegnehmen. Auch in den Kurven war sie dadurch zu aufgeregt und schlecht zu korrigieren.

Die Rennsaison 1960
war ein riesiges Experiment, erstens mit mir selbst wegen meines operierten Knies und zweitens mit der neuen Maschine. Durch die Operation, durch das instabile Knie war ich sehr eingeschränkt. Mein Knie musste ich immer zu den Rennen mit einer Stützmanschette mit seitlichen Schienen überziehen und zusätzlich mit einer elastischen Binde fest einwickeln. Das Gleiche machte ich schon jahrelang mit den Fußgelenken. Dort war die Verletzungsgefahr schon immer groß. Das Bandagieren der Gelenke war immer eine riesen Prozedur vor dem Rennen. Jedes Wochenende drei elastische Binden, die total verschwitzt waren, waschen, aufwickeln und nie vergessen. Mein Knie bandagierte ich im Sitzen, weil diese leicht abgewinkelte Stellung der auf der Maschine ähnlich kam. Nach dem Bandagieren konnte ich das Knie nicht mehr bewegen, aber es war sicher und fest. Bei allen Rechtskurven war ich nicht mehr so schnell wie früher. Ich fuhr immer so, dass ich den Fuß nicht zum Abstützen nehmen musste. Damit war ich dann in vielen Kurven mit dem Tempo um eine Kleinigkeit zu langsam.

Gleich am Anfang der Saison belegte ich bei fünf internationalen Rennen mit meiner Oepo nur die Plätze zwischen vier bis fünfzehn.

- Beim dritten Deutschen Meisterschaftslauf, erster Platz.
- In Hylling, Schweden ausgefallen, Kette gerissen.
- Brühl war ich Fünfter.
- Angeres in Südwest-Frankreich ausgefallen.
- Boutville in Südwest-Frankreich achter Platz.
- Wipperführth ausgefallen.
- Pinerolo Italien achter Platz
- Bielstein ausgefallen.
- Ingolstadt, Deutscher Meisterschaftslauf vierter Platz.
- Villingen ein württembergischer Lauf, erster Platz.
- Feldkirch, Österreich, zweiter Platz.
- Ahun in Frankreich, Zehnter.
- Luxembourg ausgefallen.

- Immenstadt erster Platz.
- Italien Cingoli war ich Zwölfter.
- Fribourg (Schweiz) wurde ich Siebter.
- Schwenningen beim letzten DM-Lauf ausgefallen.

Vor dem Rennen in Brühl schrieb die Presse:

Sensation durch Oesterle!
Dieses Mal bringt Oesterle eine aufsehenerregende Neukonstruktion an den Start, die sogenannte „Oepo", eine von ihm und Maico-Konstrukteur Ing. Ulrich Pohl entwickelte 500er Maschine. Sie ist sehr leicht und doch überaus schnell und stark. Dennoch sollte Willy seinen Vorjahreserfolg wiederholen …, das wäre eine Riesenüberraschung. Denn das 10. Internationale Brühler Moto-Cross hat eine wahrhaft würdige Jubiläumsbesetzung, übertrifft alles bisher da gewesene bei weitem.

Noch eine Sensation!
Die Oepo im Sumpf – mit einem Salto abgestiegen.

Bei einem Rennen am Ende der Saison 1960 kam ich mit meiner Oepo ins Schleudern, durch die Verdrehungen im Knie wurde der innere Meniskus auch beschädigt, es musste nun der Rest von Meniskus vollends raus operiert werden. Trotz der nun zwei hinter mich gebrachten Operationen, wollte ich den Beweis erbringen, dass meine Oepo eine gute Maschine ist.

Mein Professor sagte: „An Ihrem Knie fehlen jetzt ein paar Kugeln wie in einem Kugellager.“ Um es mir als Mechaniker logisch darzustellen, wählte er diesen Vergleich. Um die Instabilität des Knies zu stabilisieren, musste ich ab jetzt immer mein Knie fest mit einem Gummistrumpf, der seitliche Stahlbandstützen hatte, und einer breiten elastischen Binde einwickeln, wie am Anfang des Jahres. Da war ich sicher, dass nichts mehr passieren würde.

1960 meine Oepo-500-ccm mit 2 Zylindern von Maico

Nur fliegen ist schöner

1961

Oepo-500-ccm Moto-Cross Nr. 2

– Moto-Cross
– Grasbahnrennen
– Bergrennen

1961 baute ich eine neue Rennmaschine. Die erste verkaufte ich nach Österreich. In diese zweite legte ich alle Erfahrungen des letzten Jahres hinein. Was ist Erfahrung? Es sind die Fehler, die man vorher gemacht hat. In diesem Fall waren es die Schwachpunkte der ersten Konstruktion. Mein lieber Mann, das war wieder eine Arbeit! Ich verlängerte den Radstand, legte den Schwingendrehpunkt so, dass die Kette nicht zu großes Spiel beziehungsweise Spannung hatte.

1961 Oepo-500-ccm Nr. 2

Zweitens organisierte ich ein neues Getriebe mit anderer Hauptwelle, auf die wiederum die bessere Kupplung passte. Dies war eigentlich das größte Problem gewesen. Die Schaltung war nur ein Problem, wenn man als zweite Maschine eine Maico hatte, bei der der Schalthebel links war. Für mich baute ich mit einer Welle die Schaltung des englischen Getriebes von rechts nach links. Den Motor hatte ich nach alter Erfahrung aufgebaut. Die Kanäle der Zylinder so nachgearbeitet, dass der Motor circa 54 PS hatte. Dieser Motor war nie auf einem Prüfstand, aber alles wurde rechtzeitig fertig. Auch hatte ich wieder Verträge in ganz Europa, überall wollte man den Willy Oesterle mit seiner Zweizylinder-Zweitakt-Oepo haben.

Ergebnisse in 1961 mit der Oepo Nr. 2

- Yverdon dritter Platz
- Frankreich 16
- Regensdorf an zweiter Stelle, letzte Runde ausgefallen.
- Markelo ausgefallen
- Altenkirchen ausgefallen
- Prag ausgefallen
- Reutlingen erster Platz
- Wipperführth zweiter Platz
- Ingolstadt ausgefallen
- Rudersberg zweiter Platz
- Feldkirch zweiter Platz
- Lavour vierter Platz
- Schiffweiler erster Platz
- Wohlen siebter Platz
- Laquepie neunter Platz
- Erlangen erster Platz
- Linz erster Platz
- Schwenningen zweiter Platz
- Köngen erster Platz
- Grasbahn Neu-Isenburg zweiter Platz
- Schauinsland Bergrennen erster Platz
- Fulda Bergrennen erster Platz

Grasbahn-Rennen in Neu-Isenburg

Das Grasbahn-Rennen möchte ich extra erwähnen, es war etwas ganz Neues für mich – immer in einem Oval herumzufahren. Fritz Betzlbacher, der in seinem Geburtsort Neu-Isenburg Mitglied des Motorsport-Clubs war, fuhr eine aufgebohrte Moto-Cross-Maico und ich meine Oepo. Beim ersten Training am Samstag kam ich gar nicht zurecht. Die Konkurrenz fuhr links und rechts an mir vorbei. Ich war in den Kurven viel zu langsam. Zum Glück ging es links herum, so dass ich für das Sicherheitsfahren nicht mein operiertes Knie benötigte. Trotzdem fuhr ich viel zu langsam in den Kurven.

Steilwand in Rudersberg

Beim Training am Sonntagmorgen konnte ich das Tempo schon etwas erhöhen. Beim Rennen machte es mir richtig Spaß, mit der Maschine in einem Affenzahn durch die Kurven zu fahren. Nach dem Rennen sah es dann so aus: Fritz war mit seiner aufgebohrten Maico Erster. Ich war mit meiner Oepo Zweiter und Dritter war der hessische Grasbahnmeister. Er war der Einzige, den wir nicht überrundet hatten.

OB Kalbfell – Moto-Cross in Reutlingen

1962

4 Oepo-500 werden gebaut

Mit diesen für mich in der Endphase grandiosen Endergebnissen im Jahr 1961 waren viele Moto-Cross-Freunde auf meine Maschine aufmerksam geworden und ich erhielt drei Bestellungen für das nächste Jahr. Das war auch ein Wunschgedanke – in meinem Betrieb Spezial-Maschinen für den Motorsport zu bauen. Mit diesen drei Bestellungen plus eine für mich, ging ich dann etwas profimäßiger ans Werk. Zuerst wurde ein drehbare Vorrichtung zum Schweißen für den Rahmen konstruiert und gebaut. Die Teile für die Motoren ebenfalls in Serie hergestellt. Es machte richtig Spaß wie diese Kleinserie gestalt annahm. Als Telegabel verwendete ich die von mir präparierte Horex-Telegabel. Die anderen Teile wurden so verwendet, wie ich sie in der 1961 Maschine gefahren hatte. Ich selber wollte es mit dem Motorsport auslaufen lassen und fuhr nur noch wenige Rennen. Die Ergebnisse von diesen waren einmal Zweiter, einmal Dritter, zweimal Vierter, einmal Sechster.

1962 Oepo-500-ccm Nr. 2

1963 – baute ich eine Moto-Cross Oepo für mich und ich widmete mich voll und ganz der Entwicklung des Einzylinder-Motors.

Warum die Oepo-V1-400-ccm?
Gedanken zu einer Neukonstruktion Einzylinder.

In der Zwischenzeit war die Konkurrenz, meine früheren Maico-Stallkameraden, auch nicht untätig gewesen und hatten die Maico-277-ccm-Maschine noch etwas aufgebohrt und durften damit auch in der Klasse bis 500-ccm starten. Hier kam nun das schon angesprochene Gewicht der Maschine beim Anbremsen der Kurven und die Wendigkeit in den Kurven gewaltig zum Tragen. Ich war mit meiner 140 kg schweren Oepo immer im Nachteil. Ich hatte das im direkten Kampf Rad an Rad, beim anbremsen der Kurven, immer wieder feststellen müssen. Die Stollen der Reifen können immer nur eine bestimmte Masse abbremsen mehr geht einfach nicht, je leichter die Masse desto schneller wird die Geschwindigkeit verringert. Das summierte sich in jeder Kurve im ganzen Rennen.

Aus diesem Grund und mit diesen Erfahrungen keimte in mir die Erkenntnis, dass, wenn ich mein Geschäft, das ich inzwischen als selbständiger Handwerker betrieb, weiterhin Geschäfte beim Moto-Cross und Geländesport machen wollte, musste ich eine leichtere Einzylinder-Maschine anbieten. Das Leben des Oepo-500-ccm-2-Zylinder-Motors war damit, nach drei Jahren, schon wieder zu Ende.

1963

Oepo V1

(V1 = Vergeltungswaffe gegenüber Maico)

1963 Oepo-V1-400-ccm
Erster Versuchsaufbau im Original Puch-Fahrgestell

Diese Konstruktion entstand, weil, wie schon erwähnt, die Oepo-500 zu schwer war. Die Konkurrenz hatte die Maico-277-ccm noch etwas aufgebohrt und konnte damit in der 500-ccm-Klasse, aufgrund ihres leichten Gewichts viele

Oberes und unteres Foto: **Oepo-V1-400-ccm**

Erfolge verbuchen. Noch hatte ich etwas Schwung in den Knochen und wollte den Anschluss nicht verpassen. Ich setzte mich mit Dipl. Ing. Prinz Hubert zu Hohenlohe in Verbindung, er war auch lange Moto-Cross gefahren. Hubert konstruierte und zeichnete mir den Zylinder mit Kurbelgehäuse, für einen 400-ccm-Motor. Ich suchte mir einen Modellbauschreiner, der stellte das Gussmodell aus Holz her. In einer Alu-Gießerei ließ ich Abgüsse machen, suchte Graugussrohlinge für die Zylinder- Laufbüchsen, nach dem drehen und ausfräsen der Kanäle für Ansaug-, Überström- und Auslass, presste ich diese beiden Teile zusammen.

Dieser Vorgang war wieder ganz divisil. Die Zylinderlaufbüchse konnte man nicht einpressen sie hatte 0,1 – 0,2 mm Übermaß. Die Laufbüchse stellten ich mangels flüssiger Luft in den Kühlschrank, der Zylinder wurde mit zwei Schweißbrennern erwärmt bis die Spucke darauf hüpfte, dann die Büchse reinfallen lassen. Man hatte dann noch circa fünf Sekunden Zeit um sie genau zu justieren, danach fing es an zu knistern und die Büchse saß bombenfest im Zylinder.

Oepo-V1-400-ccm so steht sie bei Horst Oberwalder

Diesen 400-ccm-Zylinder setzte ich versuchsweise auf einen Unterbau der 250-ccm-Puch, weil die Puch ein solides Getriebe und Kupplung hatte und den Motor dann in ein komplettes Puch-Motorrad. Nachdem die Fahrversuche mit dem Puch-Motorrad gut verliefen, baute ich ein Moto-Cross-Fahrgestell für diesen Motor. Diese Maschine steht heute bei Horst Oberwalder.

Von dieser Ein-Zylinder-Version baute ich noch einen Motor mit eigenem Kurbelgehäuse und ein BSA-Moto-Cross-Getriebe wurde daran gekoppelt. Diese Maschine fuhr Eugen Siegle. Die Maschinen liefen nicht schlecht, aber der Rennsport verlangt jedes Jahr neue bessere Maschinen und mir fehlte die Zeit und das Geld um diese Motoren-Projekte weiter zu entwickeln.

1964

1964 entstand die Oedipo Straßenrennmaschine

Die guten Platzierungen in 1961 und 1962 mit meiner Oepo-500 bei den Bergrennen hatten Dipl. Ing. Werner Dieringer auf meinen Motor und die Maschine aufmerksam gemacht – Werner war ganz begeistert davon. So kam er im Herbst zu mir und machte mir den Vorschlag, er würde ein Fahrgestell für Straßenrennen konstruieren. Er hatte Erfahrung bei Kreidler gesammelt.

Ich war am Anfang sehr skeptisch, sah eigentlich nur eine riesige Arbeit, wie die ganzen Jahre, auf mich zukommen mit Abend-, Nacht- und Sonntagsarbeit, für die am Ende nur ein weiterer Stein und zwei Buchstaben (Oedipo) in die Oepo-Geschichte eingefügt wurden. Und so war es auch.

Werner konstruierte das Fahrgestell. Ich war für den Bau des Fahrgestells und des Motors zuständig. Der größte Teil der Kosten ging auf mich.

Die Maschine musste aber auch von jemanden gefahren werden. Ich wollte nicht. Zu Werner sagte ich: „Fahr du sie.“

1964 Oedipo-500-ccm – ich und Werner Dieringer

Nein, er könne das nicht. Ich müsse diese Oedipo zum Auftakt fahren. Wir stritten uns tatsächlich, wer diese Maschine fahren sollte. Wir ließen sogar eine Verkleidung aus Kunststoff machen, sie sah damit richtig gut aus. Die Verkleidung durfte aber bei Ausweisrennen nicht angebaut werden. Mich reizte es natürlich schon, noch einmal den Motor auf der Straße hochdrehen zu lassen und die Beschleunigung zu spüren. Es drehte sich um das Fischereihafenrennen in Bremen. Weil ich Familie – Frau und einen Sohn – hatte, lag Verantwortung auf meinen Schultern. Ich besprach die Sache mit meiner Frau und bekam das OK. Also fuhr ich mit meinem alten Opel-Kapitän, die Maschine auf meinem Rennanhänger, nach Bremerhaven. Werner ging mit und mein Schulkamerad und Freund Erich Frey als Monteur. Es lief alles gut; nach dem Training hatte ich Chancen für einen der vorderen Plätze. Aber erstens kommt es anders, zweitens als man denkt. Beim Rennen, an zweiter Stelle, machte sich am

1964 Oedipo-500-ccm

Schaltgestänge ein Bolzen selbständig. Aus war der Traum. Erich reparierte das Ganze in Eile, ich ging mit zwei Runden Rückstand wieder ins Rennen, natürlich nur für Testzwecke und aus Spaß an der Freude. Ich zog hinter Dieter Braun, dem späteren Weltmeister, meine Runden. Er fuhr damals seine ersten Straßenrennen auch nur auf einer umgebauten Moto-Cross-Maschine. Er und ich hatten schon nach wenigen Runden das gesamte Feld überrundet. Auf dem vom Regen und Fischtran feuchten Kopfsteinpflaster hatten die normalen Straßenrenner keine Chance. Wir zwei fuhren im Sandbahnstil um die glitschigen Lagerhallen. Da war für die Junioren der 500-ccm-Klasse nichts drin. Dieser Stapellauf war auch zugleich mein allerletzter aktiver Einsatz. Außer Spesen nichts gewesen.

Die Maschine lieh ich später meinem Freund Günther Seifert und er wiederum seinem Freund aus, um Juniorenrennen zu fahren. Sie verbesserten noch viel am Motor, setzten andere Zylinder auf das Triebwerk, nach Jahren verlor sich die Spur. Heute weiß niemand mehr wo diese Maschine geblieben ist.

Von den anderen Oepo's habe ich nur noch diesen Motor, an dem viel geändert worden war, gefunden.

Bergrennen 1961 – Freiburg-Schauinsland

Meine Sponsoren

Moto-
Cross
61

2000

Um die Jahrtausendwende

gab ich mehrere Suchanzeigen auf, ob irgendwo noch eine Oepo existiert. Es meldete sich Horst Oberwalder. Er war zwei Jahre zuvor in Ruhestand gegangen, hatte dann die Maschine total demontiert und neu aufgebaut. Sie stand da wie neu. Horst hatte viele Grasbahnrennen damit gefahren und war immer, wie er sagte, zufrieden gewesen. Mit meiner Tochter Jasmin bin ich zu ihm gefahren, es war für mich eine große Freude, meine Arbeit von 1963/64 wieder zu sehen.

Das Spiel mit den Buchstaben:

O e p o =	Oesterle / Pohl Moto-Cross Maschine
Oepo V 1 =	Oesterle / Hohenlohe Moto-Cross Maschine
O e d i p o =	Oesterle / Dieringer / Pohl Straßenrennmaschine
O e s e r a =	Oesterle / Seifert / Rau Straßenrennmaschine

Fotos Seite 42:
Bild oben: Der letzte Siegerkranz auf Oepo-500
Bild unten: Tochter Jasmin auf Oepo-V1-400

Hinweise:

Weitere interessante Broschüren von Willy Oesterle:

1. **Welschkornbrei & Quittenschnitz**
   Ein Moto-Cross-Pionier erzählt unglaubliche Geschichten
   Buch 232 Seiten · www.vergangenheit.de
   ISBN: 3-8334-2912-7

2. **Das Leben im Wieslauftal**
   1932 bis 1952
   ISBN: 9-7838-3911-618-0

„Motorengebrumm und Marschmusik
das war mein Sonntagslied,
und war die Luft auch noch so dick
wenn nur der Motor zieht."

WOe